Prenses Sofia

Sofia'nın Yeni Arkadaşı

Prenses Sofia – Sofia'nın Yeni Arkadaşı - Öykü Kitabı
Özgün adı: *Sofia the First –World of Reading Sofia - Makes a Friend*

Yazan: Catherine Hapka. Erica Rothschild tarafından yazılmış bir bölümden uyarlanmıştır.
Resimleyenler: Character Building Studio ve Disney Öykü Kitabı Tasarımcıları

Türkiye Yayın Hakları: Doğan ve Egmont Yayıncılık ve Yapımcılık Tic. A.Ş.
19 Mayıs Cad. Golden Plaza No:1 Kat:10 Şişli 34360 İSTANBUL
Tel: (0212) 373 77 00
www.de.com.tr

İstanbul / 2013
ISBN: 978-605-09-1537-2
Sertifika no: 11940

Çeviri: Orçun Demir
Yayına hazırlayan: Bahar Ulukan
Grafik uygulama: Erbil Kargı

Basım yeri: Görsel Dizayn Ofset Matbaacılık Tic. Ltd. Şti.
Atatürk Bulvarı Deposite Alışveriş Merkezi
A5 Blok 4. Kat No: 405 İkitelli OSB-Başakşehir/İstanbul
Tel: (0212) 671 91 00
Sertifika no: 16269

Doğan Egmont
okumak gelecektir.
www.de.com.tr

Sofia
çok heyecanlıydı.

Saray
kraliyet ailesinden

ziyaretçilerle doluydu!

Kraliçe Miranda, "Kral Baldric ve Kraliçe Ada birazdan burada olurlar," dedi.

"Ziyaretçilerimiz özel bir misafir getiriyorlar," dedi Kral Roland.

" 
Sarayda
evindeymiş gibi rahat etmesini sağlayın lütfen."

Amber, "Özel misafir,
galiba bir prenses,"
diye fısıldadı  Sofia 'ya.

Bir trompet sesi duyuldu.
Sofia "Misafirler geldiler!"
diye haykırdı.
Sarayın önünde bir fayton durdu.

Faytondan iki kişi indi.

Amber, "Prenses nerede?"
diye sordu şaşkınlıkla.

O sırada faytondan aşağı yavru
bir tekboynuz atladı!
Kraliçe Ada gülümsedi.

"İşte bizim yavru  tekboynuz !
İsmi İnci.
Bizim için onunla
ilgilenirseniz harika olur."

Sofia

"Ah!" diye haykırdı.
"İnci çok sevimli!"

"  çok güzel," dedi Amber.
Boynuzu

"Onunla ilgilenmek çok
eğlenceli olacak!"

Sofia, Amber ve James hep beraber İnci'yi yürüyüşe çıkardılar.

İnci  kuşları kovaladı ve

 çiçekleri yedi.

İnci önce süs havuzunun içine atladı.
Sonra da Amber'ın önünde silkelendi.
"Hey!" diye bağırdı Amber.
"Yapma!"

James, "Buldum," dedi.
"Biz nalları atma oyunu
oynayalım. İnci de bizi izlesin,"
dedi ve nallardan birini uzağa
fırlattı.

İnci  nalı yakaladı ve James'e geri getirdi.

"Hey! Oyunu bozdu!" dedi James.

Amber'ın aklına başka
bir fikir geldi.
"Kılık değiştirmece
oynayabiliriz.

İnci bu güzel  şapka ve  tütü ile harika görünecek."

Ama İnci, Amber'ın  şapkasını ısırıverdi.

"Hayır, İnci!" diye haykırdı Amber.

Şapkayı ondan almaya çalıştı.

Ama 
tekboynuz koşarak uzaklaştı.

İnci koşarak  saraya girdi.
 Piyanonun üzerine atladı ve  duvar halısını
kemirdi.

James, "İnci'yle ilgilenmek hiç
de eğlenceli değil," dedi.
"Her şeye zarar veriyor,"
diye ekledi Amber.

İnci onların konuşmalarını duydu. Üzüntüyle boynunu büktü.  Boynuzu soluklaştı. Koşarak bir  duvar halısının ardına saklandı.

 Sofia "İnci'nin  sarayda evindeymiş gibi rahat etmesini sağlayacaktık hani," diye hatırlattı diğerlerine.

"Ama o, bizim yapmayı sevdiğimiz şeyleri yapmak istemiyor!" dedi Amber.

Sofia'nın aklına bir fikir geldi. "İnci bir tekboynuz," dedi. "Tekboynuzların neler yapmayı sevdiklerini öğrenmeliyiz!"

Sofia hayvanları duyabiliyor ve onlarla konuşabiliyordu.

Sofia bu sırrını İnci'ye açıkladı.

"Ne yapmaktan hoşlanırsın?" diye sordu.

İnci, "Müzik dinlemeyi severim," dedi.

Sofia, müzisyenleri İnci'nin sarayda saklandığı yere götürdü.

Müzisyenler ona neşeli bir şarkı çaldılar.

 Sofia, Amber ve James  müzik eşliğinde dans edip şarkı söylediler.  Duvar halısı kıpırdadı...

Ve İnci dışarı fırladı!
Çok mutlu görünüyordu
ve güzel  boynuzu yeniden
ışıldıyordu.

Sofia "Yaşasın!" diye haykırdı.
"İnci artık 
sarayımızda kendini
evinde gibi hissediyor."

"Çünkü sen onun ne yapmaktan hoşlandığını keşfettin."
James, 

'ya gülümsedi.
"Ve biz de onunla birlikte eğleniyoruz!"

Ziyaretin geri kalanı 

ve eğlence ile dopdolu geçti. 

, Amber ve James şimdiden İnci'nin gelecek ziyareti için sabırsızlanmaya başladılar!